中小学生金融知识普及丛书·快乐理财系列　总编　刘福毅

王 萍　单琳琳 ◎ 编著

中国金融出版社

责任编辑：孔德蕴　王素娟
责任校对：孙　蕊
责任印制：裴　刚

图书在版编目（CIP）数据

戏说三国后学理财（Xishuo Sanguohou Xue Licai）／王萍，单琳琳编著．—北京：中国金融出版社，2012.6

（中小学生金融知识普及丛书·快乐理财系列）

ISBN 978-7-5049-6169-3

Ⅰ．①戏…　Ⅱ．①王…②单…　Ⅲ．①财务管理—青年读物②财务管理—少年读物　Ⅳ．①TS976.15-49

中国版本图书馆 CIP 数据核字（2011）第 228282 号

出版
发行　中国金融出版社
社址　北京市丰台区益泽路 2 号
市场开发部　（010）63266347，63805472，63439533（传真）
网 上 书 店　http://www.chinafph.com
　　　　　　（010）63286832，63365686（传真）
读者服务部　（010）66070833，62568380
邮编　100071
经销　新华书店
印刷　北京侨友印刷有限公司
尺寸　185 毫米 ×260 毫米
印张　7.5
字数　61 千
版次　2012 年 6 月第 1 版
印次　2012 年 6 月第 1 次印刷
定价　32.00 元
ISBN 978-7-5049-6169-3/F.5729
如出现印装错误本社负责调换　联系电话（010）63263947

金融教育从娃娃抓起努力
提高全民金融意识

为"中小学生金融知识普及丛书"题

二〇一二年五月

李贵鲜

编委会成员名单

序言

随着我国社会主义市场经济的不断发展，金融日益向社会的每个角落渗透。不但办企业、开公司要存款、贷款、资金结算，个人生活也要经常存款、取款、刷卡消费、贷款买房，有了闲钱还要炒炒股、理理财，开辟一下财源。很明显，金融已经生活化了，生活也金融化了，可以说，现代生活离开金融寸步难行。但是，凡事都有两面性，近年来金融创新层出不穷，令人眼花缭乱，在为经济和社会生活带来极大便利的同时，也把风险带给了人们。作为个人，只有了解金融，具备一定的金融知识，才能趋利避害，真正做到金融为我所用，提高生活质量；作为国家，只有广泛普及金融知识，提高公众的金融素质，加强风险教育，才能维护金融稳定，加快金融发展，进而促进社会和谐。

相对于金融发展的要求而言，我国的金融教育仍十分滞后，社会公众接受金融知识的渠道和手段相当匮乏。作为全国人大代表，近年来，我一直呼吁普及金融知识，呼吁从小学生开始加强金融教育。在西方发达国家，20世纪90年代其中小学校就已经开展了金融教育，美国更是把每年的4月作为金融扫盲月，反观我国，至今仅有上海开展了相关普及活动。

《中小学生金融知识普及丛书》的问世，令人欣喜，填补了国内中小学生金融知识普及方面的空白。细细读来，我感觉丛书有以下几个突出特点：其一，趣味性。这套丛书图文并茂，大量使用漫画插图、故事性体裁及网络语言，很容易吸引中小学生读者。其二，实践性。丛书用最通俗的语言文字，结合国内金融市场中理财产品的实际情况，介绍了一些常见的理财工具。其三，系统性。丛书内容没有面面俱到，但重点突出，有一个严谨的知识体系，由浅入深、由表及里，在普及理财知识的同时兼顾普及经济金融知识，并且针对不同阶段的学生，内容也有所侧重。其四，启发性。一本好书不仅要把知识灌输给读者，更重要的是要能打开读者思考的闸门。在这方面，丛书无疑作出了很大的努力。

“十年树木，百年树人。”无论是着眼于培育高素质的金融消费者，还是造就合格的金融从业人员，加强对中小学生的金融教育，塑造讲诚信、懂金融、知风险、会理财的当代新人，都是一项利在千秋、居功至伟的事业。这一事业才刚刚起步，任重而道远，希望《中小学生金融知识普及丛书》能够帮助中小学生逐步了解和积累金融常识，树立正确的风险意识和价值观念，也希望有更多的像《中小学生金融知识普及丛书》一样优秀的图书问世，为普及金融知识、加强公众金融教育添砖加瓦。

中国人民银行济南分行行长

杨子强

前言

金融知识正在普及，但受传统观念的影响和束缚，金融理财知识普及的程度并不高，特别是适合中小学生学习理财的书籍更是太少。在目前现有的理财书籍中，过多的专业术语让孩子并不乐于接受，更无法引起中小学生们的兴趣。与此同时，家长们在教育孩子如何正确面对金钱的问题上，缺乏正确的理财知识和观念，往往不知从何处入手。本书拟用故事情景的形式，以虚拟的四位三国英雄后代为主线，在一位理财老师小乔的引导下，通过参加理财乐园实践的方式，在虚拟情景中去独立探求理财的奥秘，他们在探索的过程中学习了银行储蓄业务、债券投资、股票、基金、外汇、黄金、保险、期货等与理财有关的金融知识。

本书是《中小学生金融知识普及丛书·快乐理财系列》的第一册，着重介绍理财的重要性、理财涉及的投资工具的内涵，以及理财的部分投资技巧和理财中应关注的风险，将枯燥的理论与虚拟的场景融合在一起，寓学于乐。总之，本书会让学生们学到最基础的理财知识，让学生们从小树立健康的金钱观，学习正确的理财之道。

谨以此书献给所有希望孩子从小学会理财的父母们，和你们的孩子一起学理财，早日实现财富的梦想！

大家认识一下吧

（本书共涉及主要人物16位）

小乔老师：

理财乐园的理财老师，温柔聪慧、善于启发引导教学。

关小羽：

外号"哎哟哟"，为人仗义，缺乏主见，口头禅"对头"。

张小飞：

外号"哇呀呀"，做事冲动，不注重小节，口头禅"不得了了"。

诸葛小亮：

外号"喜洋洋"，勤于思考、谦虚好学，口头禅"据我所知"。

周仓：

期货期权方面的投资专家。

赵云：

理财乐园银行行长。

刘备：

一心望子成龙的刘小备的父亲。

刘小备：

外号“嘻哈哈”，喜欢上网，有主见，口头禅“切”。

黄盖：

债券理财专家。

魏延：

爱牛股份有限公司董事长，炒股高手。

徐庶：

外汇投资总监。

司马徽：

房产信贷行长。

陆逊：

基金公司经理。

颜良：

理财乐园黄金屋的主人。

鲁肃：

理财乐园保险公司人员。

司马懿：

房产投资专家。

目录

第一部分
谁动了我财富的奶酪

学习理财的重要性

每一位父母都希望自己的孩子将来生活幸福、事业有成，望子成龙、望女成凤是多少父母共同的心声，为了这个目标，父母省吃俭用让孩子从小参加各种兴趣班，培养所谓的各种“特长”。在付出金钱和心血的同时，却从未想过让孩子去培养一种生存的技能和兴趣——理财，因为父母都无法回避的是，无论哪一种特长，孩子将来独立、成功和幸福都离不开财富的保障——拥有财富与获得幸福是有关系的！

父母疼爱孩子更要相信孩子的潜能，相信他们与生俱来的自信和创造性，不要固执地认为，通往成功的道路是让孩子一定要考上好的大学或者找份好的工作，而是让你的孩子充分地去展示、去创造，父母学会引导孩子培养独特的才能，发挥他们的潜力，去实现他们的梦想和事业，这也是一种成功。

请放弃那种对待金钱时厌恶的口气吧，因为金钱是劳动的收获与回报，学会尊重金钱、拥有财富是件高尚的事情，只要财富获取的来源正当，爱财没什么不好。在你关注和培养你的孩子诸多的天赋之前，先让他对金钱有一个正确的态度吧！

大多数孩子从小就有远大的理想和对成功的渴望，然而父母一厢情愿的教导，渐渐扼杀了他们诸多的梦想。从现在开始，善良的父母们，当您的孩子向您请教有关金钱的问题的时候，请正确引导他们，告诉他们金钱是可以带来很多东西、实现很多理想的，让他们从小有独立的经济意识，不要扼杀属于他们的追求财富的创造性。

引言

“想当年，我……”

“想当年，我像你那么大的时候，当街卖鞋，辛苦积累了人生第一桶金，多年打拼，发展成了大集团公司。老爸，换点新鲜的说教好不好，我都听了 N 遍了。”刘小备正在 QQ 上聊得欢呢，不耐烦地打断了蜀国文化集团董事长刘备的话。

自从看到报纸上“富二代”种种挥霍无度的事情之后，刘备一直想让儿子对金钱和财富有个正确的认识，打破存在心底里“富不过三代”的隐隐担忧，可自己的言传身教显然打动不了儿子的心，想到这，他无奈地叹了口气。

“老爸，我知道你的心事，是怕我将来不会理财成为‘啃老族’吧？”听到老爸叹气，刘小备很大人气地拍了拍老爸的肩。

“放心了啦，老豆，你儿子我可不是没品位的菜鸟，我早有打算了，你看看这个东东，酱紫（这样子）你就不会愁了，这是偶们（我们）明天要去过夏令营的地图。”刘小备递给刘备一张纸。

“我——最潮网络高手‘嘻哈哈’刘小备，还有‘哎哟哟’关小羽、‘哇呀呀’张小飞、‘喜洋洋’诸葛小亮，我们四人帮集体报名参加了理财夏令营，明天就出发去理财乐园，听说那里面是很有趣滴，可以学习到钱生钱的办法，等我长了本领我就送你最新的魔兽世界，你就等着上网对决吧！老豆！”刘小备其实是个既孝顺又有主见的好

孩子。

网络语言，刘备还听得懂几句，可现在孩子们的思想他却有些理解不了了。他们好奇、冒险、喜欢独立，一旦认定的事情怕是撞倒南墙也不回头。理财乐园究竟是怎么回事？刘备忙接过来，戴上老花镜仔细地看了起来。

第一章　理财乐园的招生启事

教你的孩子学理财

亲爱的家长朋友们：

中国的父母总希望通过辛苦的工作，为孩子存下一笔不菲的财产，却忽视了教育孩子培养自己赚钱的能力，授鱼远不如授“渔”，送给孩子的金山、银山终有耗尽的时候，那样培养出的孩子有可能变成坐吃山空的“啃老族”。而教会孩子自己去学习理财，从小开发财商，了解金钱的由来，了解父母赚钱的不易，学会合理花钱，帮孩子自己找到探索财富的道路，是真正为孩子未来的发展投资！

中国有句古话：“不当家不知柴米贵。”面对孩子对名牌的追求、不合理的消费，中国的父母总有许多的无奈，但这些无奈值得反思，难道不当家就不可以知道柴米贵吗？难道孩子从小去了解赚钱的不易，正确认识金钱的价值，这不是一个生存的基本技巧吗？

中国人历来不乏财商，但中国人却历来讳言钱的问题，似乎谈钱有些庸俗，难登大雅之堂，更别提主动让孩子学习理财知识了，这也许是中国为何没有巴菲特、没有罗杰斯的缘由吧！父母舍得投资让孩子去学习很多所谓的兴趣班，培养孩子的智商、情商，但岂不知财商对一个人未来生活品质的影响更大，财商、智商、情商同等重要。

教你的孩子学理财，养成正确的金钱观，告诉他钱的由来，告诉他储蓄是什么、银行是什么、如何去投资，告诉他未来会与钱打交道，学会了理财，才有可能实现将来一生的财务自由，生活才能独立自主，人生才能自在。

所以，让你的孩子来理财乐园吧，在这里会让他学会理财，让他知道钱从哪里来，在这里，你会发现属于他自己的创造性和理财的天性，不要忘记'你不理财，财不理你'的道理啊。"

"'你不理财，财不理你'，说得好！小子，这句话很有道理，所以这件事我可以顶一下。"刘备兴奋的时候也经常会来句网络语言。

"谢谢啦，老豆，猜你会 OK 的，这就叫知父莫如子吧！"刘小备忙着在 QQ 群里打上了一个笑脸和"搞定"两个字。

刘备语录：你不理财，财不理你。

思考题

★ 1. 刘小备给老爸看的是什么?

★ 2. 刘小备的笑脸是发给谁的呢?

第二章　谁的财商更高？

财商测试

“快点了啦，老爸，要迟到了。”刘小备一迭声地催促着。平时总是晚上装英雄、早上装狗熊的网虫儿子难得能起这么早，看来不是起不来，是没有吸引他早起的理由呢。

“不许送我到门口，不许和老师‘交代’什么呵，我是大人了，被他们看见，我可就没派了”。看着故作成熟状的儿子，刘备又好气又无奈地点点头。

来到理财乐园，看到张小飞和关小羽早已经到了。

“嘻哈哈，怎么才来啊？就等你了。”关小羽打了个招呼道。

“你们很赶吗？喜洋洋不是还没到吗？”

“他找老师去了，听说了吗，不得了了，我们的老师就是传说中的小乔呢！”

“切，不会吧，那可是网络上最炫的知性 MM 呢，人长得漂亮还在其次，听说她还是理财界骨灰级的大虾呢，要真是那样，可就太 OK 了——”。刚说了半截话，只见刘小备夸张地张大了嘴巴，看着诸葛小亮陪着一个美丽的身影走过来。

“同学们，欢迎来到理财乐园，我是你们的指导老师小乔，从今天开始你们可就归我管了，我可是要求很严的噢！”小乔边说边故作严肃地迎了上来。

“老师，签个名先。”“老师，QQ 号多少？”“老师，我是你的粉丝哎。”看到一拥而上的三个孩子，小乔老师耸耸肩，说道：“你们来这里是为了找我玩吗？要是光为了玩，我可没空理你们呵！”

“想学理财呗，当然也是不愿在家听大人们唠叨，不过要是知道您是我们的老师，那所有的理由都将成为浮云。”刘小备的嘴就是甜。

“哼，别光说好听的，先通过我的考试再说，要是你们太笨了，我可就直接 PASS 了，学不好将来别说认识我呵，丢了我的面子可是不行滴！”小乔老师开起了玩笑。

“对头，对头”，关小羽的口头禅本来是附和刘小备的话，结果说得太慢成了赞同考试了。

“哇呀呀，不会吧，愣讨厌考试哎！”张小飞一脸崩溃的表情抗议道。

“考试并不难，只是个普通的财商测试，真正的考试在后面，赚钱可不是件容易的事，我怎么知道你们有没有这个潜智呢？首先，请先告诉我，你们当中谁是财迷呢？”小乔老师笑了笑，挑战道。

“当然是他！”刘小备和张小飞异口同声道，同时用手指向了关小羽。关小羽还在考虑中呢，唯有诸葛小亮指向了自己。

“诸葛小亮，你为何说自己是财迷呢？”小乔老师奇怪地问道。

“小乔老师，因为古人说过君子爱财啊，我想只要取之有道，当财迷也不是件坏事啊！”

"是啊，同学们，爱财并不是件可耻的事。古人说了，'衣食足而知荣辱，仓廪实而知礼节'。喜欢金钱并不是件可耻的事，但不能痴迷于金钱，要通过正确的方法来获取财富，要让金钱为我们服务，而不能让我们成为金钱的奴隶。"小乔老师赞许地看了看诸葛小亮，一抬手说，"请大家看大屏幕。"

1. 开超市的貂蝉阿姨碰巧遇到一件倒霉事：一个人用一张百元的钞票来买75元一桶的油漆，她没钱找零，就顺手给了旁边卖奶茶的吕布大叔，让他帮忙换开。吕大叔找了25元给那个人，事后，吕大叔发现那张钱是假钞，貂蝉阿姨没办法只好重新给了吕大叔100元钱，计算一下，貂蝉阿姨总共亏了多少钱？

A.100元　B.125元　C.175元　D. 200元　E.225元　F.75元

2. 如果有一天你看到一只猴子从树上跌下来，虽然有点奇怪，你会认为猴子哪部分先着地呢？

A. 头部　B. 臀部　C. 脚　D. 臂

3. 钱能带来友谊吗？

A. 当然　B. 不会　C. 不知道

4. 你的零花钱最常用的地方在哪里？

A. 买书　B. 零食　C. 游戏　D. 朋友聚会

5. 你是否觉得应该等到长大后再去想挣钱的事？

A. 是的　B. 不是　C. 偶尔

6. 当你处于一个新的集体中时，你会觉得交新朋友

A. 不太容易　　　B. 很困难　　　C. 是一件容易的事

7. 你是否用零用钱来订阅有益的报刊，购买健康的书籍？

A. 偶尔　　　B. 不是　　　C. 是的

见证谁是财迷的时刻到了！等所有的人答完，小乔老师将他们的答案录入电脑。四个人的脑袋急不可待地凑了上去，看电脑显示的评价。

“不得了了，这是什么评价啊，我对金钱很有感觉的啊！”张小飞看到电脑的评价后抗议道。大家忙凑上来看，只见屏幕上写着：“你是对金钱反应迟钝的人，只要朋友开心，会毫不犹豫地一掷千金。正因为你的这种性格，吝啬与你无缘，而朋友们视你为义气的人，但你花钱却是没有计划的人。”

“切，这不是很准嘛！你本来就是这样的人，听听我的。”刘小备清了清嗓子念道，“你是一个灵活性很强的人，能很好地发现理财的机会，但要注意事情的全面性，善于学习会收益更高。”“哎哟哟的是慎重认真，偶尔会很大方，

但是过于保守，缺乏突破，要学会变通才能适应变化。”

“好学习，爱思考，这是理财具备的好的潜质。”诸葛小亮看了看电脑对自己的评语，只是微微一笑，没有做声，安静地看着小乔老师。

看到大家对电脑显示的结论将信将疑，小乔老师连忙说：“同学们，这只是一个小测验，这种测验没有对错，只是了解自己对财富的态度，相信通过在理财乐园的学习和探索，你们都会有所改进和提高的！”

“从现在开始，理财乐园就是你们的了，你们到乐园里去寻找理财的奥秘和方法吧。”

“啊？不是你给我们上课啊，也不是你领着我们。可是我们啥也不知道，该怎么做呢？”张小飞有点意外又有几分开心。

“是啊，该怎么做呢？别担心了，我给你们准备了6个锦囊，当你们遇到困难的时候按顺序打开，只要按照里面的指示去寻找就好了。

我相信你们一定都非常棒。最后的时候，要告诉我你们学到了什么呵！小‘财迷’们，努力向前冲啊！”小乔老师对自己特别的教学模式很有信心，边说边拿出了六个锦囊交给他们。

诸葛小亮语录：君子爱财，取之有道！

第二部分

财迷向前冲

金融理财的投资工具

理财乐园是一个浓缩的小社会，这里有银行、证券公司、期货公司等，在这里会遇到许多的“高手”，他们不仅在《三国演义》里战功赫赫，在理财乐园里也是个个不一般，这四个小“财迷”要在乐园里展开他们的探索学习之旅，让我们跟随他们的脚步，一起去探究乐园里财富的秘密吧，你会发现，原来理财就在每一天的生活中，理财原来就这么简单……

第三章　别拿豆包不当干粮

银行存款

“跟我走吧，现在就出发，梦已经醒来，心不会害怕，有一个地方，那是理财之家，它近在心灵，却远在天涯……”刘小备随口新编的快乐理财之家的歌就出炉了。

“咳哟、咳哟”，其他三个人应声配合着，兴奋归兴奋，可是怎么样才能找到让钱增值的方法呢？四个人在理财乐园里犯了愁，去哪里学呢？

“哇呀呀，没有教室怎么学习啊，小乔老师卖的是什么关子？诸葛小亮，你快想个办法呀？难不成我们在这儿等天上掉馅饼啊！”张小飞左跑右蹿闷得要命。

“馅饼？对了，锦囊，锦囊呢？小乔老师不是说过，如果遇到困难，

可以打开锦囊的吗？”诸葛小亮兴奋地喊了出来。

“对啊！一号锦囊在我手里呢！”关小羽忙掏了出来。

四个脑袋忙不迭全凑了上去。

“到钱最多的地方去找天宫点灯的人——小乔。”这是什么意思啊？

“什么嘛？钱最多的地方，钱最多的地方是哪里啊？”刘小备皱着眉头念叨。

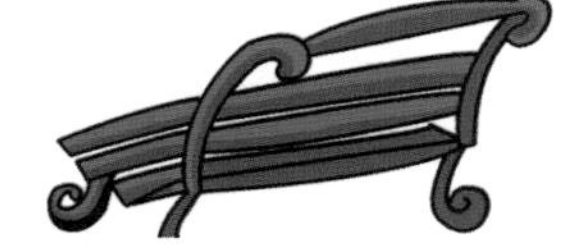

“钱最多的地方——那是——银行”四个人灵光一闪异口同声地喊了出来。

“银行好啊，银行最有钱了。真不知道银行是怎么来的啊？要是我开个银行多好。哗哗哗，钱都存进来了。”张小飞做起了白日梦。

“据我所知，银行啊，就是那个与钱打交道的地方，在我国起源于唐朝，在唐宣宗时期苏州就有‘金银行’出现，银行一词单独最早出现是在北宋惠佑二年（1057年）蔡襄知福州时所作的《教民十六事》中，其中第六条为‘银行轧造吹银出卖许多告提’。到南宋乾道六年，建康（今南京）城内不仅有盐市、牛马市，还有银行、花行等，可见，银行那时在南京城就已经存在，而且成市。‘大清户部银行’是我国最早的官办银行，建于光绪三十年，即公元1904年，1911年辛亥革命后，大清银行改组为中国银行，一直沿用至今。”诸葛小亮翻开纸条的背面念了起来。

“1580年威尼斯银行成立，这是世界上最早的银行，国内第一次使用银行名称的是‘中国通商银行’，成立于1897年5月27日的上海，1898年发行了中国最早的银行券。”刘小备急忙接着念完了下文。

“管它怎么来的呢？我们直接去看看不就得了。”张小飞可等不及了。

沿着乐园地图，四人边走边问，在前方一幢高大的建筑物上，看到六个烫金大字——理财乐园银行。

四人撒腿冲了进去，就见一个人笑呵呵地迎了上来。咦！这不是赵云赵大叔吗？

人物链接

赵云，字子龙，籍贯常山真定（今河北正定），蜀汉五虎大将之一。在《三国演义》中勇猛无比，每每单枪匹马直捣敌阵而毫发无伤，更兼勇不可当，几乎都能枪刺对手于马下。现任理财乐园银行行长。

“我明白了，原来天宫点灯是——赵（照）云啊。”诸葛小亮一拍脑袋。

“小乔老师让我在这等你们很久了！小家伙，听说你们想学习让钱生钱的方法。”赵云问道。

“对头，对头，快告诉我们吧！”关小羽也沉不住气了。

“来，你们先看这两张表格”。赵云行长指了指墙上，“看明白了也就知道一个最简单的钱生钱的方法了。”

银行存款利率表

项目	年利率（%）	起存金额（元）	理财优势	适合范围
一、城乡居民及单位存款				
（一）活期存款	0.36	1	存取灵活	流动性要求高
（二）定期存款	收益高于活期，但流动性差，如果提前支取，只能享受活期利息			
1. 整存整取				
三个月	1.71	50元起存	存期固定，收益较高，灵活性差	根据用钱的时间，分期存入，存期内不随利率调整而调整，适合于资金的有计划使用，存期内可部分支取一次，未支取部分享受原利率
六个月	1.98			
一年	2.25			
二年	2.79			
三年	3.33			
五年	3.60			
2. 零存整取、整存零取、存本取息				
一年	1.71	50元起存	便于资金的灵活使用和管理	零存整取适合积少成多 整存零取和存本取息适合于一次收入较高、零星支出较多
三年	1.98			
五年	2.25			
3. 定活两便	按一年以内定期整存整取，同档次利率打6折	50元起存	流动性较高，收益介于定期和活期之间	适合于存期不确定，需求灵活的人群
二、协定存款	1.17	一般为50万元		
三、通知存款				
一天	0.81	50 000元起存	流动性较高，但起点也高	短期资金的灵活运用
七天	1.35			

银行贷款利率表

项目	年利率（%）
一、短期贷款	
六个月以内（含六个月）	4.86
六个月至一年（含一年）	5.31
二、中长期贷款	
一至三年（含三年）	5.40
三至五年（含五年）	5.76
五年以上	5.94
三、贴现	
贴现	以再贴利率为下限加点确定

“明白了吗？银行也是在做生意，只不过买的和卖的都是钱罢了。”赵云行长说。

“我明白了，如果我把钱存进银行里，银行要付给我钱，我的钱就生出钱来了，如果我从银行借钱，我要给银行钱，银行的钱就赚钱了。”关小羽说道，“哎哟哟，这样银行是不是拿了存款人的钱然后贷给别人生钱啊？”

“呵呵，那叫利息，利息差就是银行买卖钱的收入。”赵云接口道。

“哇呀呀，原来利息就是生钱的工具啊。利息是怎么算的啊？对了，貌似长期的比短期的利息要高呢，所以只要我把钱存进银行，然后就可以增值了，我要存就存十年的，不对，最长的存期才五年呢！”张小飞挠着头，似懂非懂有点晕。

“这当然容易，据我所知，利息 = 本金 × 利率 × 时间，以一年期为例，如果我存入 10 000 元，一年后我的利息收入就等于 225 元（10 000×2.25%），要是我借银行的款我就要付给银行 531 元（10 000×5.31%）。哇噻！银行钱生钱这么快啊？”算完了，诸葛小亮有点底气不足地看着赵行长。

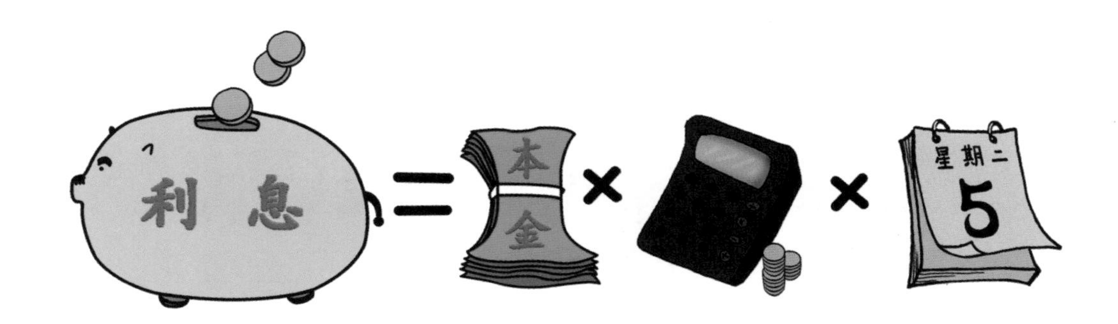

“非常正确啊，如果你们的零花钱存入银行，是会有利息收入的呢，不过存款的时候有几点要注意啊，你们还没有发现吧：（1）存款的存入日是计息的，但支取日是不计息的；（2）存期内如遇利率调整，利率是不随着调整的，如果存期内上调利率，存期越长不一定越划算；（3）如果怕记不住存款到期日，损失了利息，好些银行都开办了自动转存业务，存入时不要忘记提醒银行人员一声啊。”

“干吗利率要调来调去的啊，真麻烦啊？”刘小备正忙着记录，头也没抬地问道。

“这是国家调控经济发展的需要，如果经济发展过热，超过了实际的水平，国家就会提高利率，让社会上的钱流入银行中；反之，

经济衰退，就会降低利率，你们看到的这张表是 2008 年 12 月的，2008 年光降息就四次呢，这就说明经济在 2009 年发展有所放缓啊！”

“这样看来，银行倒像是一个大蓄水池呢，据我所知，这也是应对经济危机的影响吧！”诸葛小亮补充道。

“这种赚钱的方式稳是稳，可是收益太小了，而且就这点小钱还得等到期才能拿到利息，有没有同样风险下，收益再高一点的方法呢？”刘小备问道。

“呵呵，嫌豆包小不当干粮吃喽？再高一点的可以去问秋天的原野先生，他会给你们答复的。”赵云卖个“关子”就离开了。

赵云语录：别拿豆包不当干粮。

思考题

★ 1. 按照理财乐园银行墙上的存款利率表，计算10 000元存入银行半年后利息是多少？

★ 2. 按照理财乐园银行墙上的存款利率表，计算从银行贷款10 000元要付多少利息给银行呢？

★ 3. 利率为何要调来调去呢？

第四章　此地有银三百两

债券投资

“秋天的原野先生，会是谁呢？我估计既然是秋天，应该是个糟老头子吧？”张小飞弓着腰边假装咳嗽着边模仿着老人背手走路的样子，不想一下子撞在了一个人的身上。

“哎哟！是谁撞倒我老头子啊？”

“黄盖大叔，对不起啊！”刘小备、关小羽忙上前扶起摔倒在地的一位老者。

“太好了，黄大叔，您就是秋天的原野先生吧？我们正在找您哪！”诸葛小亮也凑上来给黄盖拍打着衣服。

人物链接

黄盖，吴国著名将领，字公覆，零陵泉陵（今湖南省零陵）人，能征善战，有谋有勇，擅长使铁鞭，作战极为勇猛，一生立过无数战功。赤壁大战时，建议用火攻，配合周瑜，行使苦肉计，并诈降曹操，率船火烧曹操水军，立下大功。现为理财乐园债券投资专家。

“敢情撞倒我还叫好啊，你们这些小家伙，回头我告诉小乔老师去！”黄盖板着脸，假装生气的样子。

“不是啊，黄大叔，是赵云大叔让我们找您寻找收益可以更高一些的方法，没想到正好撞到了您，这就叫‘踏破铁鞋找不着，谁知一撞却正好’。”刘小备出口成章地解释道。

“呵呵，是找‘不能饭否的糟老头子’吧！”黄盖捋了捋胡子，看来黄盖早就看到了张小飞的“表演”秀了。

“其实方法么是很简单滴，就是两个字的区别，咳咳，这个钱存银行的时候用的是‘存’字，而我的方法呢，就是用‘借’字，我是把钱借出去，比如，如果我把钱借给国家，就称为国债；如果借给企业，就称为企业债；如果将来在一定条件下这种债可以转成股票，就叫做可转债；当然如果借给银行这些金融机构，那就叫做——”黄盖拉长了声音。

“当然是银行债。”张小飞抢着答道。

“呵呵，那么借给张小飞就叫飞债了，不得了了，张小飞童鞋（同学）都会抢答了，正确的叫法是金融债。”黄盖拍着张小飞的头促狭地笑着。

“啊！国家也会借钱啊？国家缺钱直接印钞票不就好了吗？或者多征税不也就有钱了吗？借钱只怕也是要还的吧？而且还得付利息。”刘小备有些不解。

“钞票可不是随便印的，得根据国家的经济情况，否则印多了，买不到相应的东西就会引发通货膨胀，也就是人们常说的钱毛了，而没有理由乱征税，肯定你也不会高兴吧！所以，借老百姓的钱回头还利息的时候比存银行的利息高一点，这样老百姓也容易接受啊，而且有国家信誉做担保，老百姓也放心。当然了，买国债的收益高于银行存款，而且安全性也很高。其他的债券根据流动性和风险情况不同，收益也不同。”黄盖仔细地解释道。

“对头，理财的三性原则是不可能同时达到的，那么国债的流动性是不是很差啊，如果急着用钱，该怎么办呢？”关小羽提出了新的问题。

“因为收益和安全性很高，流动性肯定会受影响，所以国债提前支取时，不满半年的不仅不计利息，还要扣千分之一的手续费，而且如果持有到期你忘记支取，也不会给你计算利息的，所以在这一点上是不如存款灵活滴！”黄盖耐心地解释着，“目前，国债一般分为两种，一种是凭证式国债，购买时会给你开张‘凭证式国债收款凭证’，后来还出现了电子储蓄国债，性质有些类似，只是没有凭证，通过个人的结算账户来买；另一种称为记账式国债，以前这种债券要到证券交易所进行买卖，现在一些银行也可以代办，这种债券投资方式很灵活，只要在交易时间内可以随时买卖，利息是不变的，而且价格上涨时还可以卖出赚差价呢！”

“啊？债券的价格不是在借钱时就说好了的吗，怎么还可以随时变呢？这又是为什么呢？谁来决定变化的价格呢？”关小羽好奇地提出了一系列的问题。

“就像水向低处流一样，金钱也会追逐财富，这就是市场的内在需求规律，不是谁能控制的，你们也看到了，就像银行也会根据经济的情况来调整利率一样，借钱的利率当然也会根据需求变化，当市场利率高的时候，债券当然就没人喜欢买了，所以价格就会降低；反之，价格就涨上去了。所以，如果你觉得国家将要持续加息，就不要急着去买长期的新债券；反之，就抓紧抢购。但是，如果你看不明白，投资债券就可能会损失收益滴——”黄盖又故意拉长了声音，这次张小飞可不敢再去抢答了。

“切，这么牛，原来市场就是一只看不见的手啊，那怎么样才能判断出市场利率的走势呢，这才是投资债券最关键的地方啊！”刘小备感慨地说了一句。

“这个和银行存款调整利息有相似之处，主要还是看经济是在什么状态，如果经济过热，中央银行就有可能加息或者在市场上抛售债券，债券多了自然就不值钱了，价格就跌下来了，反之呢，价格就会上涨。还有一种是通货膨胀时，人们为了保值，就会投资在其他品种上，债券的价格也会受影响，比如投资股票、房产、黄金等。”黄盖整理了一下思路补充道。

“哇呀呀，我头有点大了，股票是个什么东东？为何债券不好的时候，大家会去选它，难道它比债券更好玩吗？黄大叔也会玩股票吗？”张小飞还想扳回个面子。

“像我这样的老头子嘛，是不能玩了，心脏受不了喽！要想学那个，你们得去找那个喜欢牛的家伙，那属于曹芳登基的事了。”黄盖对张小飞的话好像耿耿于怀了呢！

黄盖语录：就像水向低处流一样，金钱也会追逐财富。

思考题

★ 1. 国债的种类分哪两种，各有什么特点?

★ 2. 影响债券价格的因素有哪些?

第五章　让我欢喜让你忧

股票投资基础知识

“哎哟哟，真要命啊，为何乐园里的人都喜欢卖关子，猜谜语找乐子玩啊！不喜欢。”关小羽嘟囔着抱怨道。

“别丧气了，只要工夫深，铁杵磨成针，有点挑战也蛮好玩的嘛！”刘小备忙安慰他。

“那材料你也得保证是铁啊，要是木头就只能磨成牙签了！我们还是快去找找那个喜欢牛的家伙吧！”张小飞抬起了杠，又模仿着黄盖的声音来了一句。

“牛儿还在山坡吃草，喜欢牛的却不知道哪里去了。莫不是他贪吃贪喝忘了牛，还是那爱牛的家伙 ×××。”刘小备天生就是个乐观的改歌天才。

可是，到哪里去找爱牛的人呢？谁又是牛 ×× 呢？

忽然，张小飞望着远处咂了咂嘴说了一句：“那个牌子的牛肉干是我最喜欢吃的。”

大家抬眼看去，只见在不远处有个“西部牛仔”，黄色的头发，戴着的一顶大大的帽子上夸张地画着一头牛，还穿了一身大红的牛仔装，上衣绣着斗牛图，下衣牛仔裤上挂着牛角饰物，左手拿着红牛饮料，吸引张小飞眼神的是那人右手拿的牛肉干。

难道他们就是传说中的爱牛人？四人急忙跑了过去。

“Nice to meet you，sir.”诸葛小亮用英语问了一句。

只见这个“西部牛仔”冷冷地看了他们四人一眼，来了一句：“别和我说英语，OK？”差点把他们四个人笑晕了。

“我是魏延，爱牛食品股份有限公司的董事长，是小乔让你们来的？”他口气并不热情。

人物链接

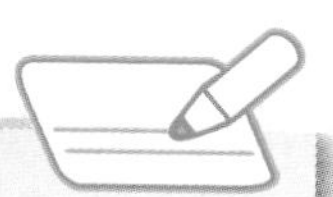

魏延，蜀汉大将，性情高傲。最早以部属身份随刘备入蜀，屡立战功，被升为牙门将军。刘备称帝后，升任镇北将军，建兴5年，诸葛亮命魏延兼任丞相府司马，凉州刺史，统前锋队。建兴8年，魏延攻打魏国大胜，升任前将军，征西大将军，南郑侯，授予符节。现为理财乐园股票投资专家。

“对头，对头。”关小羽没敢提黄盖那茬事。

“我十年前开公司，想扩大规模可是资金不够，哼，朋友想借钱给我，我才不欠这个人情呢，可从银行贷款利率太高，发行企业债期限又太固定，干脆我就把公司改组，我当上

了董事长，然后在证券公司发行了‘爱牛食品’这只中小板股票，筹集了 5 000 万元资金。钱算什么？钱只有在它流通的过程中才是钱，否则只是一沓世界上质量最好的废纸。”虽然魏延说得轻描淡写，但从他的眼神中还是看到了当年的不易。

“跟上，我带你们去股市，自己去体会一把。”说完魏延转身就走，一副不容置疑的口气。

四人吐了吐舌头，连忙跟上，来到了理财乐园证券交易大厅，只见门口立着一个硕大的铜牛雕像，很多人挤在大厅里盯着一个大大的屏幕，屏幕上数字在不停地跳着，忽红忽绿，很多人在交谈着什么。“看这只股多牛啊！”“哎，今年这个破熊市，我又被套成股东了。”“中小板，看中小板涨得多猛！蓝筹股不行了。”“这个股的市盈率有点高啊，还是选个 PE 值低一些的安全吧？”

听到这些专业术语，四个人一头雾水。

“这没什么难的，据说因为牛是往上攻击（牛角往上顶）的，所以代表股价往上走，上涨的股市就称为牛市；而熊是往下攻击（熊掌向下挥）的，代表股价下跌，下跌的股市就称为熊市。看那个代号

002999，就是我的爱牛股票，最初发行的时候价格才 5 元，现在都到了 100 元了。”魏延说起股票来如数家珍。

“不得了了，10 年就翻了 20 倍，要是当时买上 100 万现在就成了 2 000 万了，年收益率都到了 19% 了，天哪！这么高啊！”张小飞喊了出来。

“哼，买，谁不会，会买的是徒弟，会卖的才是师傅，这说明不了什么，前几年疯牛病的时候，它的价格还跌到过 1 元，不过，虽然我的公司有这么好的利润，100 元也是有点高了，PE 都到了 100 倍了，PE 就是市盈率，用股价除以每股收益，通俗的说法就是需要多少年才可以把本金收回来。”魏延说的速度很快，又好像在喃喃自语似的。

这四个人可不敢怠慢，不停地记录着，诸葛小亮小心翼翼地问道：“魏董事长，这股票价格忽上忽下，噢，是忽红忽绿，是受什么影响的呢？”

"说来话长，首先当然与公司有关，公司经营得好，赚的钱就多，价格自然会涨；另外，也与这个行业和板块有关，疯牛病的时候，与牛有关的公司都受了不同程度的影响，股价也下跌了不少；还有整个国家的发展水平和状况，因为视经济发展的变化，国家会采取各种宏观政策，这些都会影响到股市，比如经济增长的速度、经济周期的不同、财政政策、货币政策、利率变化、汇率变化、国际收支情况、政治因素等等，这些都会影响到股市，所以，股市又被称为国民经济的'晴雨表'。"

魏延说得很快，这四个人记得胳膊都酸了。刚要停下来舒口气，又听他接着说道："还有人的心理因素，唉，市场信息不够完全透明也不能怪他们，坏人操纵也很可恶，例如恶庄和那些忽悠人的黑嘴、老鼠仓等。"魏延有些情绪激动地挥动着手，然后又盯着屏幕沉思了起来。四人吓了一跳，吐了吐舌头，交换了一下眼神，悄悄退了出来。

魏延语录：1. 钱只有在它流通的过程中才是钱，否则只是一沓世界上质量最好的废纸。
2. 会买的是徒弟，会卖的才是师傅。

思考题

★ 1. 牛市和熊市哪个是上涨的？

★ 2. 影响股市的因素有哪些啊？

第六章 “基”情燃烧的岁月

基金投资知识

四人从股市出来，长长地舒了口气。“切，股市好复杂呵，虽然赚得多，可亏起来也不含糊，上上下下的我看得眼都晕了。”刘小备话音没落关小羽就接上了：“对头，对头，我也喜欢牛，可我不喜欢股市那环境，要是有个人帮我去炒股赚钱的话，我还可以考虑考虑。”

“不得了了，哎哟哟，你是喜欢牛肉干吧，真敢想，找人帮忙这也算是寻找财富的一个办法吗？”张小飞揶揄道。

“据我所知，这也不失为一个办法啊，用他人的智慧来理财，找

专业人士来帮忙赚钱，也算理财之道啊！我们不妨试试呵！”诸葛小亮说了句。

“喜洋洋，你牛，那这个任务就交给你了，我肚子饿了，要去吃汉堡包了，你找到了喊我吧！”张小飞有点生气地走了。

“汉堡包，堡包，锦囊，对了，小乔老师说过，如果想不出办法的时候就可以看的，哇呀呀，等等，二号锦囊在你那里啊。”三个人拔腿就追。

坐在快餐店里，张小飞打开了二号锦囊：“任何事情都有可能，有‘基’情也要学会再三谦让——小乔。”

“什么嘛，不得了了，小乔老师也写错别字，还‘基’情呢！什么再三谦让，是教训我吗——”张小飞嘴里塞得满满的，差点噎着，不过回头他就知道这句话说得太早了。等他拼命咽下去抬起头的时候，眼睛顿时瞪得像个铜铃，因为他正好看到了快餐店墙上的海报上还真的写着这样一段：“‘基’情燃烧的岁月，想知道基金理财的方法吗？抓紧来吧，基金经理陆逊在等着你呢！”回头看，刘小备他们三人已走到门口了。

“等等我！”张小飞大喊了一声，拔腿就追了出去，这下子终于轮到张小飞掉过头来追了。

人物链接

陆逊，江苏苏州人，家族世代为江东大族，吴国名将，任大都督，曾火烧连营，大败刘备，二十一岁时就开始在孙权将军府中任职，历任东西曹令史、海昌屯田校尉、定威校尉，极得孙权信任。赤乌七年(公元244年)出任丞相。现任理财乐园基金公司经理。

当四个人气喘吁吁地赶到理财乐园基金公司的会场上时，台上温文尔雅、和气微笑的陆逊早就开始讲了：“非常感谢大家对我们基金公司的信任，去年大家把钱交给我们基金公司来买卖股票、债券等投资品种，不负众望，我们的平均利润率达到了35%，远远超越了市场的平均水平。众所周知，基金就是集合大家的资金，用我们专业的基金公司经理来投资理财，大家共同承担了风险，所以也共同分享我们的收益。”

台下传来了热烈的掌声。

“对头，我明白了，原来基金就是将大家的钱集中起来，交给基金公司投资，大家共同分担风险、收益共享。这不正是我们要找的吗？”关小羽低声说道，瞅了张小飞一眼。

“不过你们知道吗？同样是买基金，我们有只基金的利润率却达到了 95%。”台下顿时响起了一片议论声，陆逊顿了顿，清了清嗓子接着说道，“一只好的基金就像一只会下金蛋的鸡呢！”

“这么高啊？”“真的吗？”“我要是早抢上就好了。”“我买了只规模最大的基金，收益反而不高呢？”“基金刚上市一块钱的时候我就买了，跌了半年多，要是等跌下来再买我也赚 90% 多了。”“谁能告诉我，这到底是为啥子哟？”下面的提问声越来越大。

陆逊仔细听了一下，笑了笑接着讲道：“知道为什么吗？选基金也是有诀窍的，有的人会选基金，找到的是一只会下蛋的‘金鸡’，可有的人呢，买了不适合自己的基金却当起了甩手二掌柜。到底如何去选基金呢？要把握几个原则：（1）选基金要适合自己的年龄和心理承受力，年轻人不妨选择以股票投资为主的积极型基金，如果是年龄偏大的，就要以保本和债券基金为主。（2）新老基金选择的时候要看市场情况，当市场处于上涨期间时，选老基金，当市场处于下跌趋势中，可以考虑新基金。当然有句话说‘选时不如选势’，要看大环境的走势。（3）与时俱进，如果经济环境变化了，要调整债券基金和股票基金的比例，做一个组合投资。（4）贱钱无好货，有时也是有道理的，不要图便宜一味选择一些净值低的基金，选择基金的关键还是要看基金的潜力和成长性。（5）最重要的是要选择一个放心的基金公司，信誉好的公司实力强，自然，市场操作能力也强。”

看到四人在台下，陆逊解答完提问后，急忙下来，四个人忙围了过去。

“是小乔新收的学生吧，你们真了不起，我像你们这么大的时候，小屁孩一个，啥也不懂呢，你们刚才听完后有什么想法啊？”陆逊对着他们依然彬彬有礼。

“陆叔叔，您刚才讲的基金我还有几个问题想向您请教，据我所知，基金的好处有集合理财、专业管理、组合投资、分散风险、利益共享、风险共担、独立管理、保障安全、严格监管、信息透明等优势，可是基金与股票、债券有什么不同，与银行储蓄到底有什么差异呢？”诸葛小亮一溜蹦出了一串串的名词。

“基金与股票、债券反映的经济关系是不同的，股票代表的是所有权关系，买了股票就成了股东了；债券代表的是债权债务关系，买了债券就成了债权人了；而基金呢，代表的是一种信托关系，买了基金就成了基金的受益人了。另外，资金投向也不同，股票和债券直接投入到实业领域；基金是间接投资，资金主要投向有价证券等金融工具和产品。再者，它们的收益与风险也是不一样的，通常股票是高风险、高收益，债券的风险和收益都相对低，基金介于两者之间。”陆逊认真地讲解了起来。

“切，我以前看好多人去银行买基金，我还以为基金是银行发行的产品呢？看来完全不是这么回事。”刘小备插了一句。

“是啊，由于开放式基金主要是通过银行代销的，所以，有些人认为是银行储蓄存款呢，其实二者有着本质的不同。首先，性质不同，银行对存款要负有法定的保本付息责任，而基金不承担投资损失；其次，收益与风险也不一样，银行风险低，本金损失可能性极小。”陆逊笑呵呵地答道。

“还有，基金的名称也有很多种，如果私下里运作的，就叫私募基金；如果公开在社会上募集，由基金公司来管理的就是公募基金，而它又分为封闭式基金和开放式基金两种。一种是封闭式基金，因为是封闭式，所以规模不变，你可以把它想象成类似股票的性质；另一种就是开放式基金，你可以按照基金净值在银行等机构随时买卖。”

“哎哟哟，要是连市场形势都不用判断，也就不用太操心投资的方式了，最好不用脑子还能投资。”关小羽有点“得寸进尺”了。

“用懒人投资术啊，试试基金定投方式，只要约定每个月投资多少，当然最少得一百块呵，银行会自动扣款的。这样，不管市场涨跌，基本可以获取平均成本了，这也是年轻人尤其是像小羽这类‘懒人’常

用的方法。”陆逊微笑着回答。

“切，看来难不倒陆叔叔，今天真 High，学了这么多的理财方法，等回家我得好好教教我老爸。”刘小备准备现学现卖。

“理财的学问大了去了，只要你们用心学，将来一定很了不起的，保不准未来的中国巴菲特就在你们中间呵，好好努力吧！”陆逊看见他们一脸的兴奋劲鼓励道。

陆逊语录：1. 一只好的基金就像一只会下金蛋的鸡。
2. 基金就是用别人的智慧来理财。

思考题

★ 1. 基金与银行储蓄、股票、债券的区别在哪里？

★ 2. 什么叫基金的净值，基金会跌破面值吗？

★ 3. 懒人投资术在基金中是指哪种投资方式？

第七章 掀起你的盖头来

保险的价值回归

“不得了了，我——未来的张巴菲特的誓言就是‘要当一阵风，为钱向前冲，不管有多累，一定要成功，欧耶！”张小飞从陆逊那里出来就兴奋不已，边喊着边回头向他们三个比划。

“小心！”他们三个大喊一声，只听“吱——”的急刹车声，又听“咣”的一声，张小飞摔在了地上。三人大惊，急忙跑了上去。张小飞光顾着回头说话了，不小心撞在了乐园的电瓶车上。

“哎哟哟，疼死我了。”张小飞抱着头直喊着关小羽的口头禅了。

那个“肇事”司机也吓傻了，哭丧着脸连连道歉，话都说不连贯了：“我、我是个新手，师傅说，开车无难事，只怕有心人，我以为这个车很容易开、开，谁知你、你突然倒着跑过来，可你，你头上这个大包——”

唉，果真是开车无难事，只怕有“新”人啊！自己不小心又遇到新手，这事整得！

看到张小飞头上撞起了一个大包，这下四人傻眼了，手忙脚乱，不知该怎么办好。大家又习惯性地看向了诸葛小亮。

“好大一包呢！怎么办啊？”关键时候还是诸葛小亮镇定。“什么包啊？锦囊，三号锦囊呢？”“噢！在我这里。”刘小备也醒悟过来，急忙开启了三号锦囊。

我真不希望你们会用到这个锦囊，但如果真的碰到了意外，第一

时间打这个电话找山东安静先生——小乔。

三人急忙拨通了电话，“您好，我是理财乐园保险公司的鲁肃——”电话里的声音让他们放下心来，长吁了一口气。

人物链接

鲁肃，字子敬，汉族，临淮东城（今安徽定远）人，中国东汉末年东吴的著名军事统帅。他曾为孙权提出鼎足江东的战略规划，因此得到孙权的赏识，于周瑜死后代替周瑜领兵，守陆口。现为理财乐园保险公司人员。

不一会儿，鲁肃赶了过来，把张小飞送到了医院，并交付了所有的费用。等一切安顿下来，关小羽感激地拉着鲁肃的手：“鲁大叔，太谢谢你了。”

“呵呵，不用客气，从你们入园的那天起，小乔老师就为你们每人买了一份意外伤害保险，如果发生意外，只要不超过 5 万元，所有的费用都由我们保险公司支付。”

“人生会遇到很多意外，生老病死都是存在的风险，保险在防范这类风险上的作用是任何投资工具都无法比拟的，何况保险也是理财很重要的一个方面，无论多少的财富，没有保险来守护都是不安全的，最大的财富就是生命。”

“保险也是理财吗？可是，我听有些大人们说保险是骗人的，难道保险能赚钱吗？”关小羽有些疑惑。

“保险也可以赚钱，但保险的主要目的还是为了保障，不是为了投资，保险更是一种责任。很多人知道为自己的车买个保险，却不知道要为自己买份保障。至于说保险是骗人的，是因为很多人不了解保险的实质，买了一些没用的保险，加上有些保险人员在推销的时候没有明确告之客户，造成了误会。你看，关键时候，张小飞不就用得着了。”

“有位名人说过，‘保险的意义，在于今日做明日的准备，生时做死时的准备，父母做儿女的准备。’总之是为未来做准备。”

“我还没太想明白，不过有了张小飞的例子，为防止以后的意外，我要多买保险。”关小羽听明白了。

“保险也不是越多越好，而是有选择地去买。对大多数人来说，首先应该考虑健康险和意外险，然后是寿险，要把保障放在第一位。至于收益也可以考虑，比如有很多万能险、分红险和投连险等，但不要作为投保的主要目标，如果为了赚钱，保险算不上是最好的增值品种，增值有好多种投资渠道呢！”

“据我所知，好多人现在有单位给投的社会保险，比如养老啊、工伤啊、医疗啊，等等，这样还需要去买保险吗？”诸葛小亮看来也有所了解。

“那只是些基础的基本保障，我们称为社会保险，是由个人、单位、国家共同筹资，建立保险基金，对个人在年老、疾病、工伤、生育、残疾、失业的时候给以物质帮助的一种形式，但对人的一生来说是远远不够的，所以，还需要通过商业保险，也就是通过购买保险公司的产品来补充保障的不足！”

“也就是说，人的保障应该是社保 + 商保喽，那应该怎么样去补

充保障呢？买保险肯定是有窍门的吧！”诸葛小亮打破沙锅问到底。

“当然喽，买保险需要以家庭为单位根据年龄来购买，乱买一气只会买些没用的保障，我总结了一下，人生会经历单身期、家庭形成期、家庭成长期、子女教育期、家庭成熟期、退休期六个时期，在这些人生的六个时期，必不可少的保单有六种。”鲁肃一一道来。

“这六种保单是：（1）意外险保单；（2）大病医疗险保单；（3）养老保单；（4）保障财富的人寿保单；（5）子女教育保单；（6）避税保单。你们记下了吗？将来你们的一生都要有保险陪伴才会生活得更安心的，可是社会上很多人买保险都被人忽悠，压根不明白这些道理啊！”鲁肃有几分无奈地叹了口气。

“切，原来这里面学问这么多啊？我要发个 E-mail 回家，问问

老爸是不是买对了。”刘小备也开始关心起家庭财务了。

经过张小飞被撞这件事，他们四个人真正认识了保险的价值。张小飞童鞋（同学）后来总结道：“你们从我流血的事件学到了道理，所以你们要付我学费！”原来理财的学问大了去了，可不仅仅是赚钱增值这么简单啊！

鲁肃语录：保险是一种保障，保险更是一种责任。

思考题

★ 1. 为何要买保险？

★ 2. 人生需要哪些保单？

第八章　玩转跷跷板的奥秘

期货期权知识

好在张小飞恢复得快，这天，四个人在理财乐园的游戏场里痛痛快快地玩了一场，阳光非常好，四个人边晒太阳边总结着近期的收获，不远处，一个长须老者正在和一个三四岁的小孩压着跷跷板。

“人真是聪明，你看，那么个小娃娃借助跷跷板的力量就可以撑起那位老者，大自然真的很奇妙，要学的东西太多了，以前在学校好多道理都没有认真去学习。”张小飞现在遇事变得喜欢思考了。

“‘给我一个支点，我可以撬动地球’，这是阿基米德说的吧！”诸葛小亮有一搭无一搭地接上话。

“呵呵，这也可以称为四两拨千斤，不知小乔老师在理财上教过你们这一课没有啊？”不知何时那位老者走了过来。

咦？这不是四面建粮仓——周仓，周大叔吗？关小羽他们忙迎了上去。

人物链接

周仓，《三国演义》中说他是关西（泛指函谷关或潼关以西地区）人，两臂有千斤之力、形容甚伟，久慕关羽盛名，因而投归于帐下。民间有关周仓的传说故事甚多，《三国演义》中常提到他跟随关羽活动，戏曲中常见他为关羽扛大刀，是关羽的贴身跟班，在各地的关帝庙中，都少不了他的塑像。现为理财乐园期货期权投资专家。

“不得了了，周大叔，你刚才说四两拨千斤也可以用在理财上，是不是以小博大啊？”张小飞瞪大了眼睛。

“不知你们听说过期货这种理财方式了吗？这种方式就是跷跷板原理，与杠杆原理有些相似的地方。”

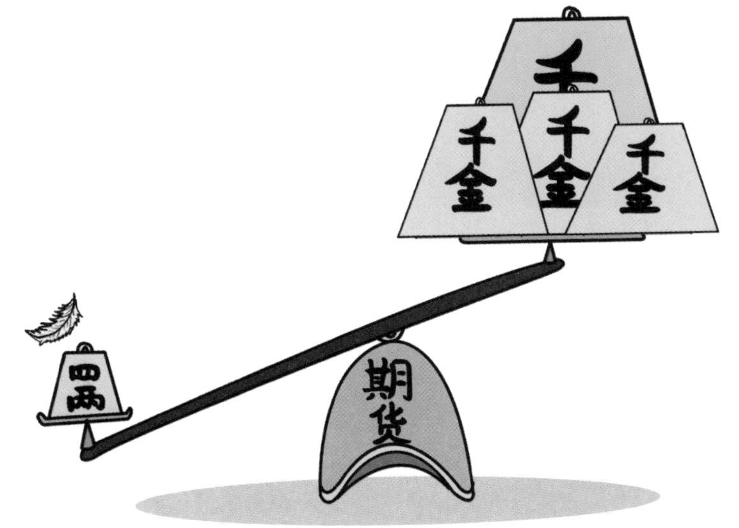

“切，期货，我怎么听人说风险特别大，就像赌博一样，赌对了就会赚很多钱，赌错了就会赔光光。”刘小备没好意思说是听老爸说的。

“Futures，期货，意思是未来，也就是在未来交易货物吧！”诸葛小亮插了一句。

“其实这是误解，期货的功能就在于规避风险和发现价格，它并不是赌博，在股票市场上我们只能寄希望股价上涨才能赚钱，而在期货市场上，你只要判断市场涨跌趋势就可以赚钱，所以，可以称为双边交易市场，如果判断会上涨买入，就是俗称的‘多头’；反之，则是‘空头’。”周仓娓娓道来。

“噢，这样不管市场涨跌，都有机会赚钱了，更要考验人的市场判断能力喽！”关小羽似乎明白了一点。

“体现杠杆原理的是它的交易方式和股票有所不同，它采用的是保证金制度，也就是说，如果你买入10万元的合约，只要交5%～10%的保证金就够了。也就是你用5 000元到10 000元就可以来操作10

万元的合约，如果价格和你判断的一致，你的收入将在 10 万元的基础上扩大。当然，反之，亏损也在加大，这可能是人们常说的风险扩大的原因吧！”周仓补充道。

“不得了了，这真是以小博大呢！这种杠杆原理，扩大了风险呢，不过挺有意思，那最多是不是会亏到无限啊！”张小飞有点担心。

“如果你的保证金不足的时候，有两种选择：一种是补进保证金，继续加钱；另一种是交易所会平仓，也就是强制卖出，你的保证金就赔光光了。其实，只要你不增加保证金，最大的损失也就是你全部的保证金呵！所以，风险不是因为市场，而是在于自己的心理和操作能力。”

“唉！大叔您说了半天，我还不明白到底期货是买卖的什么东西，合约是指什么啊？”刘小备有点晕了。

“呵呵，可能我说的不够清楚。是这样的，期货市场它主要有这么几类：一是商品期货，包括农产品期货、畜产品期货、金属期货、能源期货；二是金融期货，包括外汇期货、利率期货、股指期货、股票期货；三是其他的经济发展指标期货、信用指数期货、互换期货、天气期货，等等，包括很多类型，这些都可以用合约的形式来表示，然后大家在这个市场上操作。”

这一番解释后，四个人总算有点明白了。

“据我所知，周大叔，好像还有一种投资叫期权的，和期货有关系吗？”诸葛小亮又提出了新的问题。

“期权就是花钱买的一种权利，和期货有些类似的地方，但不同于期货，比如，我有一套刘小备最喜欢的游戏软件，是魔兽世界吧，现在的价格是 500 元，可是刘小备现在要买没有钱，但一个月后他就会得到一笔 500 元的零用钱了，可是一个月后，我可能卖到 1 000 元，那时候他可就买不到了，所以呢，他现在可以给我他身上有的 50 元钱和我约定，到时候我用 500 元钱卖给他，这 50 元钱呢，就是他买我未来权利的费用，称为期权费。”

“原来期权费有点像押金的性质啊，可是，如果到时候你只能卖 200 元了呢，那我只花 200 元就能买下，这 50 元的期权费我当然也就不要你还了。不对啊，你怎么知道我喜欢魔兽世界的，还有我身上的钱你怎么知道的啊！”刘小备好奇极了，自以为的秘密原来大人早就知道了。

“所以说，期货和期权的投资，不仅仅是了解投资规则，更重要的是管住自己，尤其是看错市场的时候要及时止损，这个你们将来在实践中慢慢体会吧。”周仓捋了捋胡子。

“投资就是和自己的贪婪本性作斗争啊！”周仓感慨地道了一句。

“那是什么意思，太深奥了吧！”张小飞没听懂。

“呵呵，去问小乔老师吧！生命在于运动，我可要继续运动运动了！”周仓笑呵呵地摆了摆手走开了。

周仓语录：1. 生命在于运动。
2. 投资就是和自己的贪婪本性做斗争。

思考题

★ 1. 期货中的杠杆效用是什么？

★ 2. 期权和期货有什么不同？

第九章　师夷长技以制夷

外汇买卖业务

四个人的心情和天气一样晴朗，边走边讨论着刚才周仓说的话的意思。

“小乔老师怎么这么厉害，什么都能猜得到，不知接下来的锦囊里面还会说什么？”刘小备禁不住好奇起来了。

这一下子，大家的好奇心可全都吊起来了，目光全转向了诸葛小亮，四号锦囊在他手里呢。

“这样不太好吧，小乔老师说有事情的时候才可以打开的。”诸葛小亮下意识地捂住了口袋。

可是好奇心害死猫呵，谁能忍得住呢！在大家的撺掇下，诸葛小

亮不得已打开了锦囊。

“好奇了不是？我想不出你们现在又遇到了什么困难，如果你们忍不住打开了这个锦囊，就要接受一项任务的惩罚了，去帮助别人做件好事，而且做完后还不能让别人说谢谢。另外，顺便帮我找一个朋友，他屡次被贬官为百姓，最近好像刚从国外回来。”

“都怪嘻哈哈，现在该怎么办呢？哎哟哟，做好事还不让别人说谢谢，这下我们可要被小乔老师整惨喽！”关小羽双手一摊说道。

没办法，四个人只好边走边寻找机会，可是眼看天黑下来了，也没做成几件好事，偶尔帮人一下，谢谢二字马上都跟上了。

“哎哟哟，每次学校布置的作文作业，你都写那么多，什么帮李大娘扫地了，帮张大爷过马路了，捡到钱了等等，怎么真正要去做时，

找件好事做这么不容易呢！俄滴神啊，累死我了，我得找个地方歇歇。”张小飞边嘟囔着边一屁股向乐园的长椅跌坐下去。

“我——其实，我那些好事有好多也是虚构的啊！”关小羽的脸红了。

“哎哟，谁这么缺德？咯死我了。”刚坐下的张小飞一下子弹了起来。

大家定睛一看，原来长椅上多了一个黑色的钱包。

“太好喽，有了，如果我们找到失主，先让那个人答应不要说谢谢，我们就可以完成任务了！”诸葛小亮一拍脑袋有主意了。

四个人忙打开钱包仔细寻找蛛丝马迹，只见钱包里除了一些花花绿绿的钞票外还有张名片，徐庶，外汇投资总监。

“这真是‘踏破铁鞋无觅处，得来全不费工夫’，这大概就是我们要找的那个老被贬官的百姓喽！”刘小备终于松了口气。

人物链接

徐庶，颍川隐士，非常有才能，曾向刘备举荐诸葛亮，他是司马徽的门生，善击剑，担任刘备的军师后表现活跃，但是由于其母落入曹操之手，不得已而归顺曹操，但不为曹操所用。现为理财乐园外汇投资总监。

四人忙拨通了名片上的电话，却听到电话声音越来越近，一个人影向这边小跑着过来。

“是您丢了钱包吧，徐叔叔。”诸葛小亮热情地迎了上去。

“是咧，太好了，谢——”徐庶话没说完，四个人猛地冲上来，捂住了他的嘴，吓了徐庶一跳。

“拜托您，千万不要对我们说谢谢，要不我们就完不成任务了。”趁徐庶说不出话来，四个人急忙解释道。

“什么？什么任务，你们要什么？我可不愿白白接受别人的帮助。”徐庶长出了一口气，有些迷惑。

“小乔老师让我们向你学习如何理财，其实，不是小乔老师，是我们想学习，你是外汇投资总监了，肯定很厉害了，你教我们外汇理财知识吧！”诸葛小亮灵光一闪，小乔老师让找他肯定是有目的的呵！

“原来是这样，小乔教出来的学生也像她一样精灵古怪，好吧，谁让我欠你们一个人情呢！其实，外汇也很简单，外汇市场就是进行货币买卖的市场，因为不同国家发行不同的货币，而现在国际交流很多，货币和货币之间就有了一个‘价格’的问题，这就是汇率。有的国家实行的是固定汇率，挂钩一个国家，确定一个不变的比价，有的国家实行浮动汇率，可能会随时调整。”徐庶言简意赅地说道。

“外汇市场是全球化的一个流通性最强的金融市场。24 小时全天交易，所以受各个国家情况变化的影响，变动的市场就带来了理财的机会。”徐庶感觉复杂的东西是有点不太好讲明白。

“我们国家是怎么样的情况，这里面有理财的机会吗？”刘小备觉得先从国内学习要容易得多。

“我们国家曾经是固定汇率制度，后来不适应经济形势的发展变化，现在实行一揽子货币，也就是参考很多个国家的货币来制定自己的汇率，外汇的投资机会那可就多了去了。”谈到了自己擅长的，徐庶有点兴奋了起来。

“其实，外汇理财和人民币理财的原理是相通的，方式更多呢，只不过它要多关注一下国际形势，拿外汇存款来说，它也是不同期限不同利率，所以，如果外汇的存款利息高，我们就可以买成外汇存上，赚取高收益，这也是理财的一种方式呢。”

“切，是个好主意，可是外汇可以随便买卖吗？”刘小备有点担心地问道。

“最早的时候我们国家实行外汇管制，所以不能随便买卖，而且价格也很高，现在逐步放开了，一个人每年可以在五万美元的额度内自由买卖了。”

“可是，人民币还可以炒股票呢，外汇能行吗？”张小飞有点不服气。

“当然喽，用外汇可以炒 B 股啊，可以用外汇投资国内的上市公司呢，不仅能炒股还能炒外汇、炒期权呢！”徐庶看他们举一反三，脸上露出一丝赞许的微笑。

“快讲给我们听听，真有这么神奇啊？”关小羽也摁捺不住了。

“比如说现在 1 美元 =1.06 加拿大元，那么 100 美元就可以换到 106 加拿大元，过了不久，加拿大元升值了，变成了 1 美元 =1.01 加拿大元了，你的 106 加拿大元就可以换回 104.95 美元，这样你就多赚了 4.95 美元，这个过程就称为外汇买卖的过程，俗称炒外汇，很简单吧！”

“真不赖啊，而且不管怎么换来换去，我手里一直都是钱，不用担心像股市一样会变没了的，我喜欢。外汇期权是不是和平常的期权原理一样，只不过是观察外汇的涨跌啊！”张小飞也会举一反三了。

“真聪明，它主要是客户向银行缴纳一定的期权费用，预测将来某个时间外汇的涨跌，客户可以买涨也可以买跌，这也是好些进出口企业保值的一个方法呢！”

“对头，对头，可是到底由谁来决定外汇汇率呢？要是早发现不就可以赚钱了吗？”关小羽问道。

“呵呵，汇率背后有只看不见的手，它总是决定了汇率的变化方向。”

“切，汇率背后也有只手？那是什么手啊？”刘小备偷偷地向后面扫了一眼，声音也低了下来。

“哈哈，我说的手是指一个国家的经济发展水平、政府操控能力、财政收支状况以及突发事件等。这些手都会在一定程度上影响汇率的走势的，所以，观察外汇就要研究这些手的作用。”徐庶笑着拍了拍刘小备的头。

“变化就是理财的机会，生命在于运动，理财在于流动呵！”徐庶似乎有什么急事。

“外汇投资最重要的就是见风使舵，注意细节，紧盯市场，认真判断，对了，我要去乐园迷宫参加奇珍异宝大会，你们想不想去啊？我们边走边谈如何？”徐庶有点抱歉地看着他们。

“不得了了，奇珍异宝大会？”“当然去了！”“Let’s go！”四个人忙不迭地答应着，跟了上去。

徐庶语录：变化就是理财的机会。

思考题

★ 决定外汇的手是指什么？

变化就是理财的机会。

第十章 盛世古董乱世金

收藏品投资

一大四小五个人很快来到了一座城墙前，只见正门上方写着四个大字——乐园迷宫，左右各有一副楹联，写着“云朝朝朝朝朝朝朝朝散，潮长长长长长长长长消”。

“进迷宫的第一步首先要念对这副南宋王十朋的对联，门才会打开，因为中国的文化博大精深，没有文化底蕴和智慧是无法全面掌握理财的，尤其是在收藏奇珍异宝方面。作为理财投资的一个方面，收藏品的价值是你无法想象的，但要考虑你的学识和眼力，所以你们在

学校一定要学好知识。”徐庶娓娓善诱。

“对头，对头，我记得以前去江心寺旅游，看到过这副对联，可是怎么念却忘记了。”关小羽挠着头，早知道今天会遇到这样一个考题，当时就该好好记下来的。

四人用求助的眼神望向徐庶，没想到徐庶双手一摊：“迷宫有规定，不能泄露答案的。”这下四人傻眼了，迷宫还没进呢，就出局了，实在不甘心呢！

这次大家把目光看向了关小羽手中的第五个锦囊，关小羽当然明白意思，马上抽出了第五号锦囊里的纸条，天哪，这是什么，天书吗？只见纸条上写着：“Y，ZC，ZZC，ZCZS，C，CZ，CCZ，CZCX”。

还是诸葛小亮反应够快，看着纸条对着迷宫的门口大声地念道：“yun，zhao chao，zhao zhao chao，zhao chao zhao san；chao，chang zhang，chang chang zhang，chang zhang chang xiao。”

只见大门缓缓地打开了，他们四个开心地蹦了起来，但一会儿却又呆愣在那里，安静的掉根针都能听到。哇！迷宫里的景色实在太漂亮了，令人晕眩。

古色古香的建筑上写着文物类藏品，标注上写着历史文物、（古人类、生物）化石、古代建筑物实物资料、字画、碑帖、拓本、雕塑、铭刻、舆服、器具、民间艺术品、文具、文娱用品、戏曲道具品、工艺美术品、革命文物及外国文物等。流光溢彩的水晶宫里有珠宝、名石和观赏石类，包括珠宝翠钻，各种砚石、印石，以及奇石与观赏石三类。钱币馆中陈列了历史课本中提到的各个朝代的钱币，更不要提邮票类、文献类、票券类、商标类、徽章类、标本类、陶瓷类、玉器类、绘画类……

看得他们四个眼睛都直了，每一个展馆都吸引着他们迈不开步子，只张大着嘴巴合不拢。这里简直是一个艺术品的历史殿堂，那么多的宝贝吸引着他们，每一件宝贝都有一段历史和故事，见证了那个时代的文明进步和发展。

“忘记了历史就意味着背叛。”莫名的刘小备嘟囔了这样一句话，想起平日里将时间浪费在了网络上，可真到用的时候却什么也不知道，这一刻刘小备暗暗下了决心，要用更多的时间研究知识，可不能再把时间浪费在网络上了。

“我的妈呀，这儿的东西得值多少钱啊？这难道也算是理财啊？”

张小飞一惊一乍。

“收藏品投资本来就是理财的一个方面啊，而且现在都快成了继证券、房地产之后的第三大投资热点了，只是这类投资需要的资金量较大，而且受外界影响较大，最难的是要有投资知识和鉴别的能力，否则一旦买成假货，那可就损失巨大了。”徐庶缓缓道来。

“买来卖出去，这个投资倒也简单，只要买到真品是不是风险就很小了呢？”诸葛小亮问道。

“风险不是这么简单的，投资必须要流动起来，所以收藏品投资的目的是让物品增值，如果买入的时候，价格过于高估了，必然面临跌价。另外，时代是会变的，人们追逐的热点也在变，一旦你买入的不是社会上投资的热点，就有可能有价无市，因无法流动而贬值。再者，有一些珍贵的物品，比如国宝级的文物，法律规定‘严禁倒卖牟利，严禁私自卖给外国人’，所以从投资的角度来讲文物不能‘流转’，就只适合收藏而不适合投资。还有，如果是太平盛世，收藏品投资就会更丰富，古董就会值钱，如果遇到乱世，那黄金就是最实在、最直接的硬通货了。所以说，‘盛世古董乱世金’就是这个道理，当然——”徐庶正说着高兴呢，突然被张小飞一声惊呼打断了。

“哇，不得了了，那是什么？”顺着张小飞的手指，只见前方有一座金碧辉煌的塔样的建筑。

“这就是黄金屋，屋顶可全是用黄金做成的呢。”

“金子，那还了得，那得值好些钱吧？”张小飞瞪大了一双铜铃眼。

“呵呵，那你们得去问屋子的主人喽，我可不陪你们了！”徐庶笑了笑和他们道别了。

刘小备语录：忘记了历史就意味着背叛。

思考题
★ 收藏品的种类有哪些?
忘记了历史就意味着背叛。

第十一章　黄金有价情无价

黄金投资知识

“切，黄金屋的主人？那会是谁啊？”刘小备总好奇地问个没完。

“不得了了，我想啊，一定是位美女姐姐，你想，不是有句话说。‘书中自有颜如玉，书中自有黄金屋’，看来，黄金屋和颜如玉一定有关系吧！”张小飞的联想也够丰富的。

“你们听说过金屋藏娇的故事吗？据我所知，说的是汉武帝年幼时，他的姑姑馆陶长公主想把自己的女儿阿娇许配给他，便半开玩笑地去征求他的意见，童稚的刘彻当场答曰：‘好！若得阿娇作妇，当做金屋贮之也。’长公主大悦，遂力劝景帝促成了这桩婚事。这就是‘金屋藏娇’一词的来历（注：语出汉·班固《汉武故事》）。”诸葛小亮突然想到了这个故事便绘

声绘色地讲了起来。

“对头，对头，这样看来，这屋子的主人肯定是个像小乔老师一样的美女喽！”关小羽也随声附和道。

“哈哈哈哈，你们也真能忽悠！”一声炸雷般的声音在身后响起，吓了他们四个一跳。

“我就是这个屋子的主人，颜如玉——颜良是也！”又是一阵大笑，满脸的胡子跟着抖动了起来。

人物链接

颜良，河北人，袁绍麾下大将，与文丑齐名，威猛异常。曹袁交战初期，袁绍进军黎阳，派遣颜良攻刘延于白马。沮授谏绍：“良性促狭，虽骁勇不可独任”，袁绍不从。现为理财乐园黄金投资专家。

“啊？这样啊！”四个人大吃一惊。

“不得了了，颜大叔，你是不是超喜欢黄金啊？造了这么顶级的黄金屋？”张小飞夸张地比划着。

“自古以来，黄金就是个好东西，是财富的代表和象征，在纸币之前充当货币的功能，尤其是在战乱时期，人们常储备黄金来保值，所以，人们常说‘盛世古董乱世金’，就是这个道理。而且，一个国家实力的强弱，黄金储备量也是一个重要的衡量指标。黄金可以称为世界货币。”颜良颇有几分得意。

“对头对头，金子谁不喜欢啊？‘真金不怕火炼’，‘是金子总会发光’，‘金子在哪里，哪里就是金子的位置’，评价一个人也常用含金量多少呢！”关小羽也跟着忽悠了起来。

“哼，金子和金子也是不一样滴，一般都用 K 来表示成色，1K 指 4.1666% 的黄金成分，所以我的这个黄金屋的顶子是 24K 的，就是含金量为 99.998% 的，那就可以称为纯金喽。理财投资组合中如果缺了黄金这一项肯定是不行的，加入黄金可以更好地控制风险，因为黄金投资品的走向与其他的投资品种走向经常反着，你们明白吗？”颜良看他们这么感兴趣便滔滔不绝地讲了起来。

“我们是来学理财的，黄金也该是理财中的一项吧？您是如何利用黄金的投资价值去理财的呢？”诸葛小亮抓住机会不失时机地请教了一句。

“我啊，那可是黄金投资的老手了，黄金投资其实很简单，一种是直接买金子，另一种是虚拟黄金的投资。直接买金子，就很简单了，

最多的就是买标金，也就是‘金条’，俗称‘黄鱼’，上海就是我们国内较大的黄金交易市场。当然，像我这样的收藏界人士一般会投资金币，当然不是指投资性金币，如熊猫金币，而是指纪念性金币，如奥运金币、生肖金币等等。还有些人会买金首饰，这种方式投资的意义远不如实用的意义——”颜良想从最简单的起点开始介绍。

“哦，这么简单啊，谁不会啊，那个虚的金子投资是怎么回事啊？”张小飞觉得这种投资方式太小儿科了，有点不屑。

“黄金投资市场可是国际性的市场，全球都在交易虚拟黄金，一种被称为账户黄金，投资者只要在指定的账户上做买卖，记录赚取差价就可以了；还有一种是纸上黄金或叫黄金凭证，这种交易方式费用低；当然了，如果说黄金预期价格上涨，投资黄金类的股票和基金也不错。”颜良先搬出了个大帽子，又加入了好多的专业术语。

“好深奥啊，可是影响黄金价格的因素有哪些呢？”诸葛小亮一脸“虔诚”状地问道，并且偷偷拽了发愣的张小飞一下。

“影响黄金价格的大致因素可以归结为五点：国际政治因素、美元的影响、股市债市的影响、原油等商品价格的影响、基金持仓的影响等。这些因素具体分析起来可就复杂了，但是一般的说法是黄金走势和美元是反向的，和原油是同向的。我做黄金最重要的一点就是——永远相信市场是对的。”

“哎哟哟，颜叔，您知道的好多啊！可是建这样一座黄金屋属于哪种投资类型呢？”关小羽也趁机拍上了马屁。

“呵呵，高兴呗，也可能是因为我觉得近期通货膨胀比较厉害，而黄金投资和房屋投资是抵御通货膨胀的比较好的手段，所以就造了这个屋子来表明我的投资立场。”不知这种理由是不是颜良刚刚发挥出来炫耀的，反正四个人觉得有点解释不过去。

“哇！房屋投资能抵御通货膨胀！你该不会说房屋也是投资理财的一种方式吧，你不是蒙我们的吧？你把黄金和房屋投资放在一起，那通货膨胀就只有投降的份了吧。”张小飞不知为何对颜良总是有点不服气，语气中带着几分挑衅。

关小羽语录：金子在哪里，哪里就是金子的位置。
颜良语录：永远相信市场是对的。

第十二章 狡兔三窟话房产

房产投资知识

“哼，那还用说吗？真是鸡同鸭讲，我懒得和你说，我带你去见个高人，看你信不信。”颜良胡子一翘，扭头就走，四个人急忙跟了上去。

“切，小飞你干吗惹他生气啊？”刘小备抱怨道。

“嘻，我这是激将法，要不他唠叨个没完没了，还会领我们来吗？”张小飞振振有词。

说话间，来到了一处高大的建筑前，屋外设计古朴典雅，正门上

方书写着两个苍劲有力的大字“寒舍”，屋内设计却简约大气，给人舒适、自如又温馨的感觉，屋内有两个老者正盯着棋盘在专心对弈呢。

“司马先生，有人向您请教理财中的房产投资的事情。”颜良等了半晌，看到一局结束，急忙恭敬地向其中一位打起了招呼。

“呵呵，是不是小乔的那几个学生啊？什么风把你们吹到我的寒舍里来了？”被称为司马的那位长者笑呵呵地站了起来，一语双关地说道。他就是小有名气的房产投资专家，司马懿。

人物链接

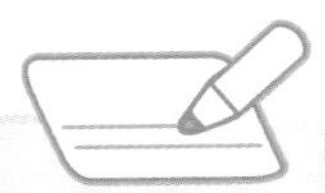

司马懿，河南温县人，初为曹操的文学掾，在征伐张鲁时立有大功。曹丕信任和器重他，封为河津亭侯，后任丞相长史。曹睿继位时，出任骠骑大将军，掌重兵镇守西凉，却被蜀国以离间计致使其被罢官，司马懿深通兵法，指挥有度，与蜀国作战期间使诸葛亮难以取得决定性胜利。现为理财乐园的房地产投资专家。

“哇！您这里哪能称为寒舍啊？这么大的面积，这么漂亮的房子！”张小飞羡慕不已。

“我也曾是一介寒士，这些年投资房产赚了点小钱。其实，房产投资和下棋的道理是相通的，要通局考虑，小心布局，而且因为投资回收的时间较长，不像股市、期货那样马上见到收益，所以要有足够的耐心来等待，耐得住寂寞才会不寂寞呵！这个道理对研究学问也是有借鉴意义的呢。”司马懿笑呵呵地说道。

“对头，对头，还是快告诉我如何去做吧！我也想赚点‘小钱’，拥有这样的豪宅，那时我就当个宅男算了。”关小羽憧憬起来，理想竟然定位在宅男上了。

“宅男？我只听说过‘房奴’，那是说，那些贷款买房的人天天为还银行贷款打工，但在房地产投资中，灵活运用贷款却是一种不可缺少的方式呢！”司马懿皱着眉头没想明白。

“房地产投资首先要选好房子的位置，你们听说过‘孟母三迁’的故事了吧，好的地段、好的环境、好的档次这些都是考虑的重点，这样的房子将来的升值潜力才会大。”

“可是好房子要花好多钱，什么时候才能攒够呢？这就需要用到贷款了，先首付一部分，其余的通过贷款来解决，而且贷款可以通过银行，也可以通过公积金来办理。当然喽，银行贷款的特点是利率高一点、期限长一点，而公积金贷款呢，利率会低一些，但期限要短一点，贷款时要综合考虑家庭收入情况来选择。当然，二者结合起来做个组合贷款也是可以的，是吧，司马徽行长？”司马懿转向和他对弈的另一位老者。

人物链接

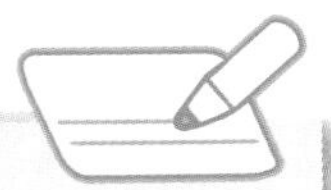

司马徽，东汉末隐士，人称“水镜先生”，素有识人的盛誉，徐庶是其门生。现为理财乐园房产信贷行长。

“看来你们已经对这些问题早就了如指掌了，我做个补充，房地产贷款目前有两种还款方式，即等额本金还款法和等额本息还款法，区别就在于每个月还款数额是递减的还是固定的，等额本金还款法适合收入稳定的中年人，前期还款压力大一些，现在年轻人基本都选择等额本息还款方式。当然了，当家庭收入变化时，可以申请提前或者延后还款。”司马徽行长接过了话题。

“切，可是我老爸贷款买的房子，有人想买时贷款没还完，房产证让银行拿到房管部门抵押了，因为这个原因买方不相信，结果没有成交。”刘小备觉得贷款限制太多了。

“呵呵，银行考虑到了这个问题，所以推出了‘转按揭贷款’业务，由贷款人将贷款转给买方，这样就可以大大盘活资金的流动性了。”司马徽行长详细地向刘小备介绍了业务流程。

“当然也还有一种方式，就是把房子租出去，然后用房租来还贷款，这叫以租养贷。我老朽一个，怕将来没人养老，所以多买了一些房子，通过租金收入来养老呢！”话题又回到了司马懿先生这边。

“当然，投资房地产是需要一双慧眼的，要充分认清房地产的影响因素，看看最近迪拜的房地产投资的损失之大就知道风险有多大了，所以，投资房地产要把握好三个方面：一是宏观政治经济环境，在经济增长的阶段，房价上涨的机会就大，尤其是通货膨胀时期，房价的

上涨也会很快，所以，有人说投资房地产可以抵御通货膨胀影响；二是宏观经济政策的影响，国家出台积极扶持的政策，房价就会上涨，反之，如收紧贷款政策，就会抑制房地产的上涨；三是房地产市场本身的成本升降，主要指土地成本、建筑成本和拆迁成本等。”

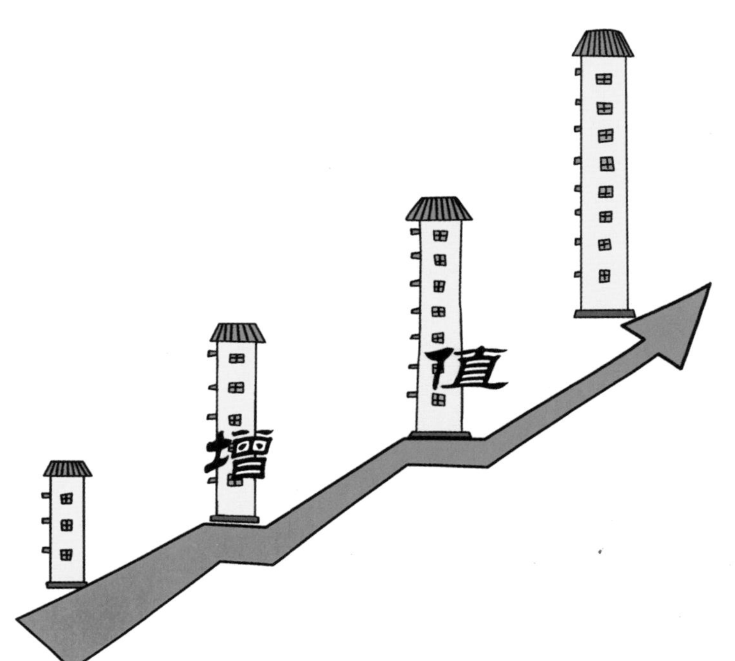

“可是，我们从哪里能最快知道这些调控政策呢？”诸葛小亮认真地思考了一下问道。

“呵呵，春江水暖鸭先知，银行对房地产政策的把握和研究要比一般行业多一些，因为银行为了控制风险，既要随时掌握国家的相关政策，还要考察房产市场和房产商，更要盯着投资者。他们可不喜欢把钱贷给有泡沫的地方，所以，如果看好房市，贷款时就会容易。司马徽行长，这样来看，你也算是一个先知先觉的老江湖鸭子喽！”司马懿开起了玩笑。

“所以说，投资房产，可能成为富翁，也可能成为‘负翁’呵！你却成了‘不倒翁’啊！”司马徽行长也不甘示弱地回敬了过去。

司马懿语录：耐得住寂寞才会不寂寞。
司马徽语录：投资房产，可能成为富翁，也可能成为‘负翁’呵！

思考题

★ 1. 影响房地产投资的因素有哪些？

★ 2. 为何司马徽行长说富翁可能成为“负翁”？

第十三章　三百六十行，行行出状元

实业投资

“哎哟哟，原来理财的学问这么高深啊，平时看爸爸妈妈们赚钱好像很容易似的，是不是他们投资不用这么麻烦啊！”关小羽开始思量起来了。

“他们投资容易？真是不当家不知柴米贵啊！”话音未落，一个中年男子大步走了进来。

“王平总经理，今天哪阵风把你吹来了？”两位司马老者打着招呼。

人物链接

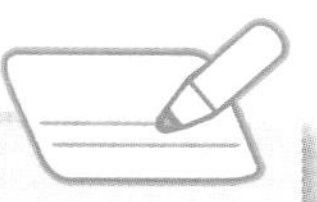

王平，巴西宕渠（今四川渠县）人，曾为刘备的牙门将、裨将军，街亭一役中，苦劝马谡不听，独自带一千兵马坚守不动，保全了部分战绩，事后提升为参军，统五部兵马。现为理财乐园实业投资咨询顾问公司总经理。

“还不是小乔，说她几个弟子在您这儿，让我过来听听他们的想法。你们几个谁先来？”王平直奔主题。

四个人你看看我，我看看你，生怕说错了，谁也不想先开口。

“怎么了，没有自信了？还是得我先抛块砖，才引出你们的玉啊？

我听你们父母说，你们觉得赚钱很容易，成天还想自己当老板是吧？”王平哈哈一笑。

“是啊，我觉得赚钱挺容易的，举个例子，我们学校门口吕布大叔开的奶茶店，我们同学都去喝，每天收入都好多呢！而且也没有什么技术含量，不用学习那么复杂的投资理论，轻轻松松赚钱，要是我也开一家，还用上什么学啊？当然，还有开超市的貂蝉阿姨，天天坐那里收钱，赚钱很容易的啊！”关小羽忍不住了说道。

“呵呵，原来小羽想当小老板喽！拿张纸来。”王平打趣道。

“我说几个数字，你们先记下来加加看，开一家奶茶店，要房屋租金、加盟费、雇工人工资、原材料费、水电费、交税、废料损失、保险、卫生检疫……”王平口不停地说着。

“哇呀呀，还有完没完，怎么这么多东西啊！”张小飞把笔扔到一边，实在记不完了。

“这还早呢，你们知道吕大叔每天四点起床备货，晚上十一点关门盘点，每月要制作报表，

还要计算税务，辛辛苦苦一年也不过就几万元的收入！我现在正在帮他策划，看看怎么样整合，扩大规模提高利润呢。”

“哎哟哟，开个小店原来还有这么多门道，看来我还是想的太简单了，不好好学习做什么都不成。”关小羽真正意识到了。

“其实，实业投资也是理财的一种方式，但是每一个行业都有自己的规则。人们常说隔行如隔山，三百六十行，行行出状元，需要辛

苦打拼将自己变成内行，要学会创新，做到人无我有、人有我优才可以。只有掌握了一个行业的核心竞争力，才能在这个行业如鱼得水。”

“看来理财真是一门深奥的学问呢，不管是做哪项投资，都要有知识才行，我们要学的东西还有很多哪！”诸葛小亮若有所思地感慨了一句。

“是啊，知识改变命运，一定要不断地学习才行，我也是经历过

很多的失败才积累了经验教训的。现在，我正用我所了解的经验教训，为那些投资创业的人提供咨询和服务。”王平进一步点明了学习的重要性。

“你们当下的任务是好好学习知识，等你们将来创业的时候如果有用得到我的地方，我会再帮你们的。”

“等等，王平大叔，我爸爸几次创业一直不顺利，您先给我几点忠告，等我回家教教我老爸吧。”关小羽开始考虑要为父母做点什么，这才不枉学习了一场。

“找到一个好的项目才是成功的前提。不要光想着赚钱，要明确自己能承受多大的损失。如果没有太多的钱，就先当伙计后当老板，将自己从外行变成内行。适合自己的就是好的，当然，最重要的一点，人才是最宝贵的。”王平想了想总结了几条。

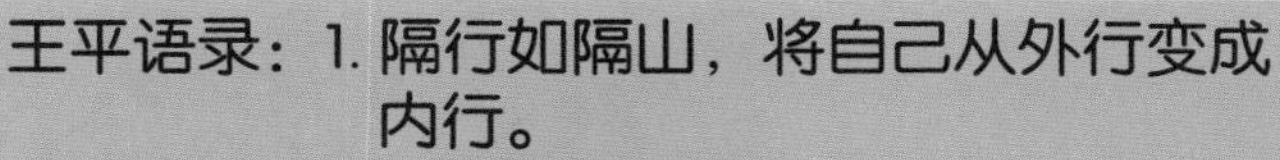

王平语录：1. 隔行如隔山，将自己从外行变成内行。
2. 知识改变命运。

思考题

★ 1. 开一家奶茶店需要考虑哪些因素？

★ 2. 知识能改变命运吗？

第三部分

星光大道

从司马先生的寒舍出来，四个人好久没有说话，通过这些天的学习，他们开始慢慢体会了好多东西，离开父母才知道，原来外面的世界有这么多的挑战。

天渐渐黑了下来，乐园里星光点点，张小飞的肚子咕咕地叫了起来。

“要是来个快餐店的汉堡就好了，再加一杯冰镇可乐，一定要大杯的，薯条嘛，可以要小一点的。”张小飞咂了咂嘴。

“那些比我妈做的咖喱牛肉饭差远了，我妈做的那真叫个香，原来爸爸妈妈那么不容易啊！”关小羽好像长大了许多。

“我以前花钱从来都不节制，经常为了买游戏卡乱花钱，怪不得爸爸经常说他是我的取款机呢！”刘小备暗暗下着决心，以后要好好学习，学会理财，给父母当一回取款机。

“是啊，父母平时教育我们，我们总是不以为然，以后我一定要更努力地学习，让他们放心。真想快点见到他们，我有好多话想对爸爸妈妈说呢！”诸葛小亮抬头看了看星星，眼睛有点湿了。

“天上的星星不说话，地上的娃娃想妈妈，今夜想起妈妈的话，我们应该学会长大……”刘小备哼起了一首歌的调子，其他人受到感染，声音都有点“感冒”了。

“听，你们听到有什么声音了吗？好像很多人哎？”诸葛小亮喊了一声。

“跟我来吧，天黑要回家，课已经学完，心就会想家，有一个地方，那里有爸爸妈妈……”

“小乔老师！”四个人大喊了起来，一齐可劲地向前方跑去。

随着声音，只见夜空上焰火升起亮起四个大字——“欢迎回家”，随即亮起一条由灯光指引的路，路的前面，是一群拍手唱歌的人，四人一边狂呼，一边拼命地向前跑去。

“星光大道”定格的画面里，有小乔老师、他们的爸爸妈妈，还有乐园里的每一位曾教过他们的老师，星光、灯光、泪光，以及拥抱在一起的人群。

亲切的声音、熟悉的旋律在这一刻洋溢着感动和温馨。不管学习什么样的理财方式，理财的目的都是让生活更幸福，但是不管走到哪里，不管拥有了多少的财富，永远不要忘记为我们操劳的父母，不要忘记常回家看看。当我们变得强壮的时候，他们却在慢慢变老，让我们学好理财，拥有生活的能力，让父母们生活得更快乐，让自己生活得更从容，让世界更和平！

编后记

满怀欣喜和憧憬，《中小学生金融知识普及丛书》带着浓浓的墨香终于和大家见面了。这是一套承载社会责任、宣传金融知识的科普读物。

1991 年春天，邓小平同志提出了“金融很重要，是现代经济的核心。金融搞好了，一着棋活，全盘皆活”的著名论断。这一论断精辟地说明了金融在现代经济生活中的重要地位，深刻揭示了金融在我国改革开放和现代化建设全局中的重要作用。我国改革开放的巨大成功也全面地诠释了邓小平同志的英明论断。

近几年来，发端于美国次贷危机的全球金融危机，说明过度的金融创新会严重扰乱经济安全和社会政治稳定。但另一方面，我国金融创新不足也不适应市场经济的发展。基于这些认识，潍坊市人民政府原副市长刘伟同志提出编写一套中小学生金融知识普及丛书，旨在从金融教育入手，培养金融人才，推动金融发展。潍坊市金融学会承担了这一任务，历时两年多，终于结集成书。

在丛书出版之际，我代表编委会特别感谢原国务委员、第十届全国政协副主席李贵鲜同志，他欣然为丛书题词，这是我们莫大的荣幸。特别感谢中国人民银行济南分行党委书记、行长杨子强同志，他在百忙中专门为丛书撰写了序言。同时还感谢中国金融出版社对丛书编写给予的宝贵指导和为丛书出版所付出的辛勤劳动。

总编　刘福毅

二〇一二年六月